Isaac Fothio Kaffa

Erstellung eines Simulationsmodells für den Wärmetransformatorprozess

Bibliografische Information der Deutschen Nationalbibliothek:

Bibliografische Information der Deutschen Nationalbibliothek: Die Deutsche Bibliothek verzeichnet diese Publikation in der Deutschen Nationalbibliografie; detaillierte bibliografische Daten sind im Internet über http://dnb.d-nb.de/ abrufbar.

Copyright © 2011 Diplomica Verlag GmbH
Druck und Bindung: Books on Demand GmbH, Norderstedt Germany
ISBN: 978-3-95636-984-1

http://www.diplom.de/ ...ulationsmodells-fuer-den-waermetransform...

Isaac Fothio Kaffa

Erstellung eines Simulationsmodells für den Wärmetransformatorprozess

Inhaltsverzeichnis

Nomenklatur

A	$[m^2]$	Wärmetauscherfläche
c_p	[kJ/kgK]	spezifische Wärmekapazität
COP	[-]	Wirkungsgrad
f	[-]	spezifischer Lösungsumlauf
f_R	[-]	spezifischer Rücklauf
h	[kJ/kgK	spezifische Enthalpie]
$\dot{m}$	[kg/s]	Massenstrom
p	[kPa]	Druck
$\dot{Q}$	[kW]	Wärmestrom
$\dot{Q}_H$	[kW]	Heizwärmestrom
$\dot{Q}_N$	[kW]	Nutzwärmestrom
T	[K oder °C]	interne Temperatur
T_H	[°C]	Heiztemperatur
T_N	[°C]	Nutztemperatur
t_{ex}	[K oder °C]	externe Temperatur
ΔT_{hub}	[°C]	Temperaturhub
ΔT_{ln}	[K]	logarithmische gemittelte Temperaturdifferenz
U	$[kW/m^2K]$	Wärmedurchgangskoeffizient
x	[-]	Massenanteil
Δx	[-]	Entgasungsbreite
ξ	[-]	Konzentration
η_{rev}	[-]	Wärmeverhältnis für reversible Prozesse
η_{real}		Wärmeverhältnis der realen Prozesse
$\eta_{lwü}$	[-]	Wirkungsgrad Lösungsmittelwärmeübertrager
η_{ex}	[-]	Exergetischer Gütegrad

Indices:

a	arme Lösung Konzentration
A	Absorber
C	Kondensator
D	Desorber
E	Evaporator
H	Heizwärme
i	Eintritt (inlet)
LWT	Lösungswärmeübertrager
N	Nutzwärme
o	Austritt (outlet)
$poor$	arme Lösung Massenstrom
r	reiche Lösung Konzentration
R	Arbeitsmittel (Refrigerant)
$rich$	reiche Lösung Massenstrom
rev	reversibel
s	starke Lösung Massenanteil
w	schwache Lösung Massenanteil

Abbildungsverzeichnis

Kurzfassung

Den Schwerpunkt dieser Arbeit bildet die Abbildung des einstufigen Absorptionswärmetransformatorprozess mit dem Arbeitsstoffpaar Wasser/Lithiumbromid anhand eines Simulationsprogramms, die Ermittlung charakteristischer Kenngrößen von einstufigen Wärmetransformatoren durch Prozesssimulation sowie die Untersuchung des Verhaltens von Kenngrößen in stationärem Betrieb.

Das Modell beinhaltet den Stoff- und den Wärmetransport, der durch jede Anlagenkomponente fließt. Dabei sind Zustandsgrößen angewandt und berechnet worden. Kenngrößen des Prozesses sind dabei ebenso ermittelt worden. Die verwendete Simulationssoftware ist EES (Engineering Equation Solver), welche für die Lösung des Gleichungssystems numerische Mathematik anwendet. Die Stoffdaten für die Simulation sind aus den Studien von Dr. G. Feuerecker, aus der Wasserdampftafel und aus dem h, ξ-Diagramm für Wasser/Lithiumbromid von V. Knabe entnommen worden. Das Ergebnis dieser Arbeit ist eine mathematische Darstellung, welche die Kenngrößen der Anlage unter Betrachtung eines vollständigen Gleichungssatzes in linearer Unabhängigkeit wiedergibt.

Durch das Modell ist die Anlage in der grafischen Darstellung nach Dühring abgebildet worden. Diesbezüglich lässt sich bei Parameter-Veränderungen ein übersichtliches Ergebnis der gekoppelten Wechselwirkungen darstellen. Unter anderen Ergebnissen ist die Wirkung der Änderung der Desorber-Eintrittstemperatur besonders wichtig. Hier kann beobachtet werden, wie sich der COP ändert, wenn die Desorber-Eintrittstemperatur verändert wird.

Schlüsselwörter: *Absorption, Wärmetransformator, stationäre Simulation, Modellbildung*

1 Einleitung

Der Bedarf an Energie ist heutzutage so groß wie nie. Nicht erneuerbare Energien sind in absehbarer Zeit erschöpft und reichen schon heute nicht mehr aus, um unseren Energiebedarf zu decken. Das Interesse an alternativen Lösungen erstreckt sich auf viele Bereiche in Wirtschaft, Politik und Forschung.

Bei vielen industriellen Prozessen wird ein Großteil der eingesetzten Energie als Abfallwärme abgegeben. Die Temperatur dieser anfallenden Abfallwärme liegt meist über der Umgebungstemperatur, reicht jedoch nicht für eine direkte Nutzung im Prozess oder für Heizzwecke aus. Um die Abfallwärme als Energiequelle nutzbar zu machen, muss die Temperatur der Abfallwärme auf ein wiederverwertbares Temperaturniveau angehoben werden.

Die Anhebung der Temperatur eines Wärmestroms kann sich durch den Einsatz von Kompressions- bzw. Absorptionswärmepumpen oder auch Absorptionswärmetransformatoren erreicht werden.

Für Kompressionswärmepumpen liegen für die maximalen Nutzwärmetemperaturen einige Beschränkungen vor: „Das bisher im Hochtemperaturbereich bis 120°C verwendete Arbeitsmittel R114 entfällt aufgrund seiner negativen Auswirkungen hinsichtlich Ozonschicht und Treibhauseffekt" *(Riesch, 1986)*.

Durch den Einsatz von Kompressionswärmepumpen mit dem Arbeitspaar Ammoniak/Wasser hingegen lassen sich die Nutztemperaturen bei maximalem Druck auf maximal 130°C begrenzen *(Riesch, 1986)*. Dazu benötigen Kompressionswärmepumpen für ihren Antrieb hochwertige mechanische oder elektrische Energie. Demgegenüber können Absorptionswärmepumpen mit Wärme angetrieben werden, haben aber das Problem, dass oberhalb einer Antriebstemperatur von 160°C zunehmende Korrosionsgefahr auftritt, wodurch ihre maximale Nutztemperatur auf ca.110°C begrenzt ist *(Riesch, 1986)*. Für Nutzwärme im Temperaturbereich zwischen 110°C und 160°C bietet sich aus diesem Grunde der umgekehrt zur Absorptionswärmepumpe arbeitende Absorptionswärmetransformator an.

Die vorliegende Bachelorarbeit knüpft an diesen Gedanken an und setzt sich mit dem Thema der Energieverwertung anhand eines Wärmetransformatorprozesses auseinander. Das Ziel dieser Arbeit besteht in der Abbildung eines Wärmetransformatorprozesses anhand eines Simulationsprogramms. Hier wird die Funktionsfähigkeit eines Wärmetransformators numerisch dargestellt. Weiterhin werden charakteristische Kenngrößen vom einstufigen Wärmetransformator ermittelt sowie das Verhalten der Kenngröße in stationärem Betrieb untersucht.

Um die Funktionsweise eines Wärmetransformationsprozesses nachvollziehen zu können, sollen im Folgenden die Grundlagen der Wärmetransformation erläutert werden.

2 Grundlagen von Wärmetransformatoren

Wärmetransformatoren dienen der Umwandlung von Wärme mittlerer Temperaturniveaus in Nutzwärme höherer Temperaturniveaus und Wärme niedrigerer Temperaturniveaus die an die Umgebung abgeführt werden. Dadurch, dass sie auf der Grundlage eines Sorptionsprozesses funktionieren, benötigen sie nur wenig mechanische Energie *(Ziegler, 2010)*.

Der Wärmetransformator benötigt für seinen Antrieb weder Wärme hohe Temperatur noch hohe mechanische Energie oder elektrische Energie, sondern Prozessabwärme von ca. 100°C als Antriebsenergie.

Die Ausführung eines Wärmetransformators kann in einem einstufigen, zweistufigen oder auch mehrstufigen Prozess erfolgen. In der vorliegenden Arbeit werden wir uns ausschließlich mit dem einstufigen Vorgang auseinandersetzen. In diesem Zusammenhang werden im Folgenden der Aufbau und die Funktionsweise des einstufigen Prozesses dargestellt.

2.1 Aufbau und Funktionsweise

Der Wärmetransformator besteht aus vier Hauptkomponenten, nämlich einem Austreiber, einem Kondensator, einem Verdampfer und einem Absorber. Neben der Hauptkomponente gibt es auch Nebenkomponenten wie die Arbeitsmittelpumpe, die Lösungsmittelpumpe und den Lösungswärmeüberträger. Die Haupt- und Nebenkomponente bilden einen Arbeitsmittel- und einen Lösungsmittelkreislauf.

Der Arbeitsmittelkreislauf besteht aus einem Verdampfer, einem Kondensator und einer Arbeitsmittelpumpe. In diesem Kreislauf wird idealerweise Wasserdampf zugeführt.

Der Lösungsmittelkreislauf besteht aus einem Absorber, einem Lösungswärmeüberträger, einer Lösungsmittelpumpe und einem Desorber. Hier wird das Lösungsmittel zugeführt. Die Abbildung 1 stellt für das nähere Verständnis den einstufigen Prozess dar.

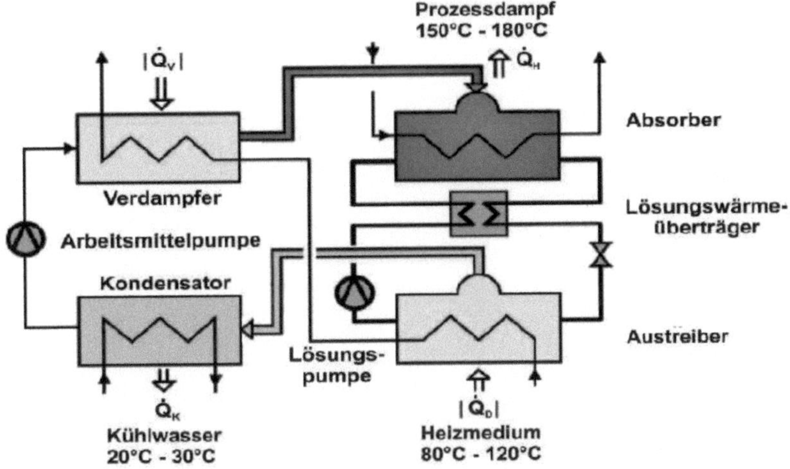

Abbildung 1:Schematische Darstellung des einstufigen Absorptionswärmetransformators *(Uni-Karlsruhe)*

Im Austreiber wird Wasser aus einer Wasser/Lithiumbromid-Lösung aufgrund von Wärmezufuhr bei Temperatur T_1 ausgetrieben. Der entstehende Wasserdampf strömt zum Kondensator und wird dort durch Wärmeabgabe bei Temperatur T_0 an die Umgebung verflüssigt. Das flüssige Wasser wird in den Verdampfer gepumpt, dessen Druck über dem des Kondensators und des Austreibers liegt. Durch Wärmezufuhr bei Temperatur T_1 verdampft das Wasser. Der Wasserdampf kann von der an Wasser armen Lösung, die vom Austreiber in den Absorber gepumpt wurde, unter gleichzeitiger Wärmeabgabe bei hoher Temperatur T_2 absorbiert werden. Diese abgegebene Wärme ist die Nutzwärme, die dann überall weiter benutzt werden kann, wo Wärme höheren Temperaturniveaus (bis ca. 130°C) als Antriebenergie benötigt wird. Die an Wasser reiche Lösung strömt dann vom Absorber über ein Drosselventil in den Austreiber. Dort beginnt der Prozess von neuem.

Zur Verdeutlichung der verschiedenen Abläufe bei der Wärmetransformation für Wasser/Lithiumbromid ist es sinnvoll den Prozess im $log\ p, -\frac{1}{T}$-Diagramm darzustellen, „da der Dampfdruck exponentiell mit einer Temperaturfunktion steigt" *(Fleischmann, 1988)*. Hier können Drücke, Temperaturen in Gleichgewichtszuständen, wie sie am Austritt von Kondensator, Austreiber, Verdampfer und Absorber herrschen, dem Diagramm entnommen werden. Daher soll dieses Diagramm nachfolgend näher erläutert werden.

2.2   *Logp, −1/T*-Diagramm

In Abbildung 2 ist der in Abschnitt 2.1 beschriebene Wärmetransformatorprozess in einem $logp, -\frac{1}{T} - Diagramm$ dargestellt.

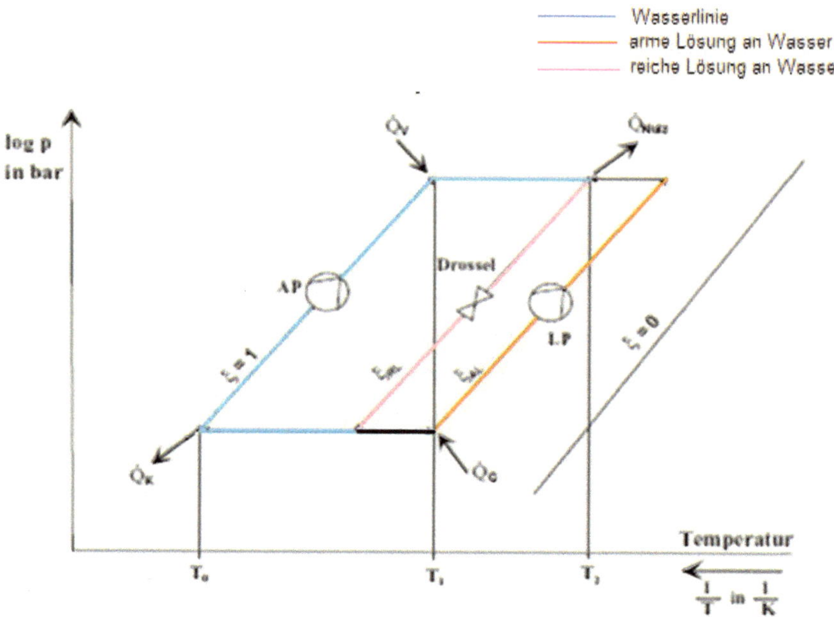

Abbildung 2: Darstellung des einstufigen Prozesses im log p, -1/T-Diagramm (*Genssle, 1997*)

Die Dampfdruckkurven gleicher Massenkonzentration (isosteren) können durch die logarithmische Skalierung der Temperaturwerte als Geraden betrachtet werden. Sie stellen die Konzentrationen im gesättigten Zustand der Komponenten Arbeitsmittel ξ_R, reiche Lösung an Wasser ξ_r und arme Lösung an Wasser ξ_a dar. Hier wird festgestellt, dass die Konzentration von Druck und Temperatur abhängig ist. Die Drücke sind durch die Pumpen (AP und LP) und die Drossel in Hochdruck- und Niederdruckniveau unterteilt. Unter der Annahme, dass ein Gleichgewicht am Ausgang der Hauptkomponenten Austreiber, Kondensator, Verdampfer und Absorber herrscht und die Arbeitsmittelkonzentration ξ_R bekannt ist, steht bei gegebener Kondensator-Temperatur T_0 der Druck P_0

fest. Dadurch, dass die Abwärme-Temperatur T_1 bekannt ist, lässt sich auch der Druck P_1 mithilfe des Diagramms nach Feuerecker bestimmen. Der Austreiber, der beim Niederdruckniveau P_0 arbeitet, wird, wie der Verdampfer, der im Hochdruckbereich arbeitet, mit der Temperatur T_1 betrieben. Daher ist die Konzentration der armen Lösung bekannt. Aus diesem Grund kann nur die Konzentration der reichen Lösung ξ_r und somit die Entgasungsbreite $\Delta\xi$ variieren *(Genssle, 1997)*.

Was genau bei der Wärmeabgabe geschieht, soll nun in einem nächsten Schritt erklärt werden.

2.3 Physikalische Vorgänge beim Wärmetransformator

Der tatsächliche Effekt der Nutzwärmeabgabe bei höherer Temperatur tritt durch die Absorption des Arbeitsmitteldampfes von der armen Lösung auf. Die Absorption geschieht unter der Wirkung der Molekularkräfte. Die freiwerdende Wärme kann durch Kühlung während der Vermischung abgeführt werden. Bei der Absorption kann im Gegensatz zur Mischkondensation die Temperatur der absorbierenden Flüssigkeit höher sein als die der aufzunehmenden Dampfphase. Die Eigenschaft der Zweistoffgemische (z.B. Wasser/Lithiumbromid) ermöglicht erst die Wirkungsweise des Wärmetransformators. Die abzuführende Absorptionswärme ist die Nutzwärme des Wärmetransformators. Ihre Werte werden desto größer je höher die Konzentration der armen Lösung an Wasser ist, und die aufzunehmende Dampfphase aus reinem Arbeitsmitteldampf besteht.

Der umgekehrte Vorgang zur Absorption ist die Desorption. Sie wird bei tieferem Druck begünstigt und kann auch bei konstantem Druck durch Wärmezufuhr erzwungen werden. Sie findet beim Wärmetransformator im Austreiber statt. Hier gehen Arbeitsmittel (Wasser) und Lösungsmittel in den dampfförmigen Zustand über. Es handelt sich um eine Verdampfung eines Zweistoffgemisches. Dabei bleibt die Temperatur des Gemisches im Gegensatz zu einem reinen Stoff nicht konstant, sondern steigt kontinuierlich *(Mostofizadeh, 1980)*.

Weitere Vorgänge, die beim Wärmetransformator vorkommen, sind die Druckerhöhung und die Drosselung des flüssigen Gemisches. Während der Druckerhöhung bleibt die Zusammensetzung der Flüssigkeit konstant. Auch die Temperatur bleibt unverändert, wenn der Pumpenwirkungsgrad nicht zu klein ist.

2.4 Wärmetransformator mit innerem Wärmeübertrager

Das Wärmeverhältnis des einstufigen Wärmetransformators lässt sich durch den Einbau
von zwei inneren Wärmetauschern erheblich verbessern. Der erste Wärmetauscher dient
zur Erwärmung der armen Lösung (Lösungswärmeaustauscher) von der reichen Lösung
vor der Drosselung. Im zweiten Wärmetauscher erwärmt der Arbeitsmitteldampf durch
Teilkondensation das auf den höheren Druck gebrachte Arbeitsmittel *(Mostofizadeh,
1980)*.

Der Prozess der Wärmetransformation lässt sich durch bestimmte Kennzahlen bewer-
ten.

2.5 Kennzahlen

Zur Beurteilung und zum Vergleich der Wärmetransformatorprozesse mit anderen Prozessen ist es zweckmäßig Kennzahlen einzuführen. Im Folgenden werden die wichtigsten dargestellt.

2.5.1 Wärmeverhältnis ζ

Die Effektivität eines Wärmetransformators lässt sich mithilfe seines
Wärmeverhältnises ζ beurteilen. Sie ist definiert als das Verhältnis der vom Prozess bei
hoher Temperatur gelieferten Wärme zu den vom Prozess aufgenommenen Energie-
strömen. Es gilt:

$$\zeta = \frac{\dot{Q}_A}{\dot{Q}_D + \dot{Q}_E} \qquad (1)$$

Ein effizienter und wirtschaftlicher Prozess kennzeichnet sich durch ein möglichst großes Wärmeverhältnis. Dieses möglichst großes Wärmeverhältnis lässt sich aus der
Entropiebilanz (zweiter Hauptsatz) des reversiblen Prozesses bestimmen. Es gilt:

$$\frac{\dot{Q}_C}{T_C} + \frac{\dot{Q}_A}{T_A} = \frac{\dot{Q}_E}{T_E} + \frac{\dot{Q}_D}{T_D} \qquad (2)$$

Nach Umsetzung der Energiebilanzgleichung in der Gleichung (2) bekommt man eine Gleichung zur Bestimmung des reversiblen Wärmeverhältnisses ζ_{rev}. Sie lautet:

$$\zeta_{rev} = \frac{\frac{1}{T_C} - \frac{1}{T_D}}{\frac{1}{T_C} - \frac{1}{T_A}} \tag{3}$$

Wobei immer gilt:

$$0 \leq \zeta \leq \zeta_{rev} \leq 1. \tag{4}$$

Aus der Gleichung (3) gilt für $T_A = T_D$ das reversible Wärmeverhältnis $\zeta_{rev} = 1$. Das ist aber nicht realistisch, da die Nutztemperatur im Allgemeinen höher ist als die Abwärmetemperatur. Daher ist das Wärmeverhältnis eines reversiblen Wärmetransformators stets kleiner eins. Aufgrund der Temperaturgradienten zwischen den Stoffströmen bei der Wärmeübertragung, der Irreversibilität bei der Druckerhöhung durch die Lösungs-und Arbeitspumpe und Verluste bei der Drosselung der armen Lösung sowie der Irreversibilität bei der Mischung im Absorber, liegt das reversible Wärmeverhältnis über dem des realen Prozesses.

2.5.2 Exegetischer Gütegrad η_{ex}

Zur Charakterisierung des Prozesses bezüglich seiner Irreversibilität ist der exergetische Gütegrad von Bedeutung. Er stellt das Verhältnis der Exergie des Nutzwärmestroms zu den Exergieströmen der aufzuwendenden Exergieströme dar. Es gilt:

$$\eta_{ex} = \frac{\dot{E}_{Nutz}}{\dot{E}_{Aufwand}} \tag{5}$$

Bei der Berechnung wird die Pumpenleistung auch berücksichtigt, falls sie nicht zu vernachlässigen ist. Somit gilt für den Exergetischen Gütegrad:

$$\eta_{ex} = \frac{\dot{Q}_A\left(1 - \frac{T_C}{T_A}\right)}{(\dot{Q}_D + \dot{Q}_E)\left(1 - \frac{T_C}{T_D}\right) + P_{el}} \tag{6}$$

Die abgegebene Wärme die beim Kondensator stattfindet, wird in der Bilanz vernachlässigt, da sie als Anergie betrachtet wird. Der Vorteil bei den exergetischen Gütegraden ist, dass man über eine sichere Größe für die Beurteilung des Prozesses verfügt.

Beim reversiblen Prozess kann man den maximalen Wert des theoretisch erreichbaren Gütegrads erzielen. Er besitzt den Wert eins *(Genssle, 1997)*.

2.5.3 Entgasungsbreite $\Delta \xi$

Unter den Begriff der Entgasungsbreite versteht man die Differenz zwischen der Konzentration der reichen Lösung ξ_r und der Konzentration der armen Lösung ξ_a

$$\Delta \xi = \xi_r - \xi_a \qquad \text{oder} \qquad \Delta x = x_s - x_w \qquad (7)$$

Die Größe der Entgasungsbreite charakterisiert also die Größenordnung der Konzentrationsunterschiede zwischen der reichen Lösung nach dem Absorber und der armen Lösung vor dem Absorber.

2.5.4   Spezifischer Lösungsmittelumlauf *f*

Den spezifischen Lösungsumlauf stellt der Quotient der Massenströme der an Wasser reichen Lösung zu den Dampfmassenströmen die im Austreiber erzeugt werden dar. Es gilt:

$$f = \frac{\dot{m}_{rich}}{\dot{m}_R} \qquad (8)$$

Er ist ein sehr wichtiger Parameter und eine Optimierungskennzahl für den Prozess *(Horuz & Kurt, 2009)*. Das Absorptionsvermögen des Lösungsmittels für den Arbeitsstoff kann hier bestimmt werden. Es kann festgestellt werden, wie viel Arbeitsstoff bei dem Absorptionsprozess von dem Lösungsmittel aufgenommen wurde. Ein großes Absorptionsvermögen erfordert einen geringen spezifischen Lösungsumlauf. Er hängt daher auch mit der Entgasungsbreite zusammen. Es gilt:

$$f = \frac{\xi_R - \xi_a}{\xi_r - \xi_a} = \frac{\xi_R - \xi_a}{\Delta \xi} \qquad (9)$$

Eine höhere Entgasungsbreite bedeutet einen geringeren Lösungsmittelumlauf und somit einen kleinen Pumpenenergieaufwand. Es ist daher erforderlich, dass der Lösungsmittelumlauf klein bleibt.

Auch die Arbeitsstoffe spielen eine bedeutende Rolle für die Funktionsfähigkeit eines Wärmetransformators. Auf sie wird nachfolgend näher eingegangen.

2.6   Arbeitsstoffe

Die Wahl des Arbeitsgemisches hängt von vielen Kriterien ab. In Sorptionsanlagen werden Gemische benutzt, die aus einem Arbeitsmittel und einem Lösungsmittel bestehen, wobei das Arbeitsmittel einen höheren Dampfdruck als das Lösungsmittel (auch Absorptionsmittel) hat. Das Arbeitsmittel selbst besteht aus einer oder mehreren tiefer siedenden Komponenten und das Lösungsmittel aus einer oder mehreren höher siedenden Stoffen. Bei dem Einsatz in Wärmetransformatoren werden sowohl an die reinen Komponenten als auch an das Arbeitsgemisch bestimmte Anforderungen gestellt. Wichtig sind hier nicht nur die Eigenschaften der kalorischen und thermischen Zustandsgrößen, sondern auch die Wirtschaftlichkeit und die sicherheitstechnischen Kriterien *(Seher, 1985)*.

Das eingesetzte Arbeitsstoffpaar muss eine Reihe von Kriterien erfüllen. In Tabelle 1 sind die wichtigsten Anforderungen an Arbeitsstoffe und Absorptionsmittel, nach thermischer Stabilität und chemischer Verträglichkeit aufgelistet. Von diesen Kriterien sind besonders wichtig:

- für den Arbeitsstoff der Schmelz-und Siedepunkt, die Verdampfungsenthalpie, der Molekülbau sowie die thermische Stabilität und die Giftigkeit;
- für das Lösungsmittel der Schmelz-und Siedepunkt, die Stabilität und die Giftigkeit *(Stephan, 1988)*.

Eigenschaften	*Arbeitsstoff*	*Lösungsmittel*
Schmelzpunkt	Unter Umgebungstemperatur	Keine Kristallisation im Gemisch
Normalsiedepunkt	0°C bis 100°C	rd 200°C über Sdp
Verdampfungsenthalpie	150 kJ/kg	
krit. Temperatur	Hoch	Hoch
krit. Druck	Gering	Gering
spez. Wärmekap.	Gering	Gering
Viskosität	<10 cp	<10 cp
Wärmeleitfähigkeit	Groß	Groß
Oberflächenspannung	Gering	gering
Dichte	Unerheblich	unerheblich
Stabilität	200°C bis 300°C	200°C bis 300°C
Korrosivität	Gering	gering
Toxizität	Möglichst keine	Möglichst keine
Brennbarkeit	Nur bei hohem Temp.	Nur bei hohem Temp.

Tabelle 1 Anforderungen an Arbeitsstoffe *(Seher, 1985)*

Neben allen oben stehenden Eigenschaften gibt es auch andere wichtige Kriterien, die beachtet werden müssen. Es wird von dem Gemisch verlangt eine möglichst flache Dampfdruckkurve zu besitzen, um eine möglichst große Temperaturhub bei niedriger Druckerhöhung zu erreichen. Eine bedeutende Eigenschaft ist das Absorptionsvermögen des Lösungsmittels für den Arbeitsstoff. Es beschreibt die Menge an Arbeitsstoff, die von dem Lösungsmittel aufgenommen werden kann .Ein hohes Absorptionsvermögen erfordert einen niedrigen spezifischen Lösungsumlauf was für den Prozess günstig ist.

Das eingesetzte Arbeitsstoffgemisch bei dieser Arbeit ist das Wasser/Lithiumbromid-Lösung. Wasser als Arbeitsstoff ist nicht gefährlich, ungiftig, nicht korrosiv, thermisch stabil kostengünstig und leicht beschaffbar. Seine thermodynamischen Eigenschaften, wie die große Verdampfungsenthalpie, sowie die flache Dampfdruckkurve sind vorteilhaft. Wasser wird bisher als Arbeitsstoff in Absorptionskälteanlagen verwendet. Es besitzt aber auch für Absorptionswärmetransformatoren und Hochtemperaturabsorptionswärmepumpen gute Eigenschaften *(Seher, 1985)*. Eine der am häufigsten verwendeten Absorptionsmittel für Wasser ist eine wässerige Lithiumbromidlösung. Eine Rektifikation des Dampfes im Austreiber für die Trennung des Gemisches ist nicht erforderlich, aber der Bereich der möglichen Arbeitstemperatur ist als Folge der Löslichkeitsgrenze eingeschränkt. Das Gemisch Wasser/Lithiumbromid hat, wie alle Salzlösungen eine extreme Mischungslücke, wodurch der Einsatzbereich eines Wärmetransformators begrenzt wird. Eine Mischungslücke bezeichnet bei einem Stoffgemisch einen potenziellen Zustandsraum, der dadurch gekennzeichnet ist, dass das Stoffgemisch in ihm keinen stabilen Zustand besitzt, also die möglichen Zustände nicht realisiert werden. Ein Gemisch zerfällt (entmischt sich) dabei in mindestens zwei verschiedene Phasen mit sehr unterschiedlichen Zusammensetzungen. Die Phasen stehen im thermodynamischen Gleichgewicht miteinander. Darüber hinaus nimmt die Korrosivität der Salzlösung mit steigender Temperatur zu (max. Nutztemperatur. auf ca. 160°C beschränkt) *(Riesch, 1986)*. Aus diesem Grund werden weltweit neue Gemische für Absorptionswärmetransformatoren und Absorptionshochtemperaturwärmepumpen gesucht, die auch für Sorptionsanlagen im Niedertemperaturbereich geeignet sind *(Hengerer, 1991)*.

Als Alternative zu dem oben genannten Arbeitsstoff existieren noch weitere Arbeitsstoffe u.a. Ammoniak/Wasser, Ammoniak/Natriumthiocyanat, Ammoniak/(Lithiumnitrat und Trifluorethanol)/E181.

Nachdem im vorangegangenen Text die Funktionsweise der Wärmetransformatoren dargestellt wurde, sollen nun die Anwendungsbereiche fokussiert werden.

2.7   Anwendungsbereich des Wärmetransformators

Der einstufige Absorptionswärmetransformator lässt sich überall dort einsetzen, wo Abwärme- ströme bei niedrigen Temperaturen anfallen und gleichzeitig Prozesswärme mit Temperaturen von mehr als 30°C oberhalb der Umgebungstemperatur benötigt wird.

Als Abwärmeträger sind Dämpfe und heiße Flüssigkeiten sowie Gas/Dampf-Gemische bevorzugt, da ihre Temperatur meist um 100°C liegt. Die Art und Zusammensetzung der Abwärmeträger spielt bei der apparativen Auslegung eine Rolle. Wärmetransformatoren sind auch in der Lage Abwärme verschieden temperierter und örtlich voneinander getrennt liegender Abwärmequellen zu nutzen. In diesem Fall können der Austreiber und Verdampfer am Ort der Wärmequelle und der Absorber und Kondensator am Ort des Nutzwärmeverbrauchers aufgebaut werden. Die Transportleitung für arme und reiche Lösung an Wasser kann dann bereits die Aufgabe des Lösungswärmeübertragers übernehmen.

Der Nutzwärme kann als Prozessdampf, Heißwasser oder als Wärmeträgeröl gebundene Prozesswärme entnommen werden. Genauso ist es möglich, den Absorber direkt als Luftvorwärmer, Trockner oder Heizkörper für Verdampfer und Kolonnen auszubilden.

Die Kondensation des Arbeitsmittels sollte bei möglichst niedriger Temperatur erfolgen, damit man einen möglichst hohen Wirkungsgrad erzielen kann. Typische Anwendungsbeispiele sind in der Nutzung der Abwärme aus technischen Prozessen, wie „Kochen, Eindampfen und Verdampfen, Destillieren und Rektifizieren, Trocken und Kühlen in der chemischen, pharmazeutischen, Mineralöl-, Papier-und Nahrungsmittelindustrie zu finden" *(Franzen, 1984)*.

In der Abwärme Verwertung stellt der Wärmetransformator zahlreiche Vorteile dar. Die bedeutendsten sind:

- Anhebung der Abwärmetemperatur um mehr als 30°C bei guten Wirkungsgraden
- Nutzwärmetemperaturen oberhalb 100°C
- minimaler Einsatz zusätzlicher hochwertiger Energie
- optimale Anpassung an die jahreszeitlichen Temperaturverhältnisse
- elastisches Anlagenverhalten
- Möglichkeit der gleichzeitigen Nutzung unterschiedlicher Wärmequellen
- hohe Nutzungsdauer
- geringe Wartungs-und Betriebskosten
- geräuscharmer Betrieb
- aufgelöste Bauweise und damit problemlose Integration in vorhandene Prozesse möglich.

Im Anschluss an die Darstellung der Grundlagen von Wärmetransformationen steht nun die Simulation eines Wärmetransformationsprozesses im Zentrum der Darstellung

3 Methodisches Vorgehen bei der Simulation

Die methodische Vorgehensweise, die bei der Erstellung des Simulationsmodells des Absorptionswärmetransformators in Frage kam, ist folgende:

- Festlegung der Randbedingungen
- Modellbildung
- Programmtechnische Umsetzung
- Überprüfung auf Konsistenz

Bevor die einzelnen Schritte der methodischen Vorgehensweise genauer betrachtet werden, soll zunächst das Simulationsprogramm vorgestellt werden.

3.1   Das Simulationsprogramm

Für die Simulation ist EES (Engineering Equation Solver) verwendet worden. EES ist eine Software der Firma F-Chart, sie ist geeignet für die Lösung algebraischer Gleichungen. Der Anwendungsbereich von EES ist das Lösen von Gleichungssystemen bestehend aus mehreren algebraischen Gleichungen. Darüber hinaus kann EES auch Differentialgleichungen lösen, Verfahren zur Optimierung und zur linearen und nichtlinearen Regression ausführen sowie die Ergebnisse in Diagrammen visuell ansprechend darstellen *(EES-Manual)*.

Wie jedes Programm geht auch EES von Idealbedingungen aus, die als Randbedingungen die Interpretation der Ergebnisse beeinflussen.

3.2   Die Randbedingungen

Für die Modellierung gelten folgende Voraussetzungen:

- Stationäres Modell: für die Anlage ist die Annahme, dass sie im stationären Zustand simuliert wird, bedeutend. Es geht hier um den Zustand (ohne Störungen), in dem es keine Veränderungen der Zustandsgrößen (p, T, V) mehr gibt.
- Es wird keine Wärme nach außen abgegeben, d.h. alle Apparate und Rohrleitungen sind adiabat.
- Der Dampf verhält sich beim betrachteten Druck wie ein ideales Gas (da reale Gase bei geringerem Druck sich wie Ideale Gase verhalten).
- Die Leitungsdruckverluste werden vernachlässigt.

- Die Hauptkomponenten werden als ideale Gleichgewichtsstufen betrachtet, d.h. zwischen den austretenden Stoffströmen herrscht Phasengleichgewicht. Nach der Gibbs´schen Phasenregel sind diese Stoffströme dann eindeutig bestimmt, wenn zwei der drei unabhängigen Zustandsgrößen Druck, Temperatur und Zusammensetzung bekannt sind *(Hüls, 2009)*.

Ein weiterer Schritt in der erfolgreichen Erstellung eines Simulationsmodells für den Wärmetransformatorprozess besteht in der Modellbildung, die anschließend erörtert wird.

3.3   Modellbildung

Für die Modellbildung wird die in Abbildung 3 dargestellte Schaltung verwendet. Folgende Schritte werden verfolgt:

- ***Kennzeichnung der Ströme***

Zielführend erfolgte in dieser Arbeit die Nummerierung interner Ströme, entsprechend der Veröffentlichungen des Instituts für Energietechnik. Interne Temperaturen sind mit dem Buchstaben T (groß geschrieben) und externe Temperaturen mit t_{ex} (klein geschrieben) bezeichnet. Dann werden die Bilanzräume festgelegt. Die Abbildung 3 stellt die Ströme des Prozesses dar.

- ***Festlegung der Bilanzräume***

Der Bilanzraum ist eine Abgrenzung um den zu untersuchenden Gegenstand. Dieser kann den physikalischen oder theoretischen Grenzen eines Anlagenteils entsprechen. Für die mathematische Darstellung der Transport- und Umwandlungsvorgänge, wird der Bilanzraum ausgewählt. Die mathematische Darstellung ergibt erst in der Zusammenstellung mit den anderen Teilen das gewünschte Ergebnis. Für das Modell wurden folgende Bilanzräume festgelegt.

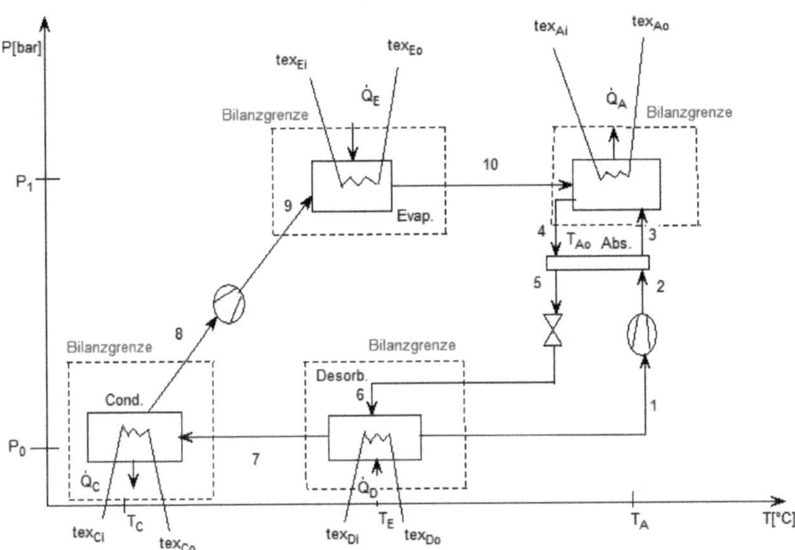

Abbildung 3: Bilanzgrenzen der Hauptkomponenten

- ***Formulierung der Gleichungen***

Die mathematische Darstellung der Funktionen erfolgte auf eine sequenzielle Weise.

Die Funktion eines jeden Anlagenteils kann wie ein Funktionsblock dargestellt werden.

Die Eingänge im Prozess werden transformiert und als Ausgänge abgegeben. Diese Ausgänge sind gleichzeitig die Eingänge des nächsten Anlagenteils. Dabei müssen die Randbedingungen sowie die Vorgabewerte beachtet werden.

Die Anzahl der Unbekannten oder Freiheitsgrade lässt sich aus der Differenz zwischen der Anzahl der Variablen und der Anzahl der Gleichungen ermitteln. Für den Kondensator aus dem Modell gilt für die Herleitung der Gleichungen folgende Schaltung:

15

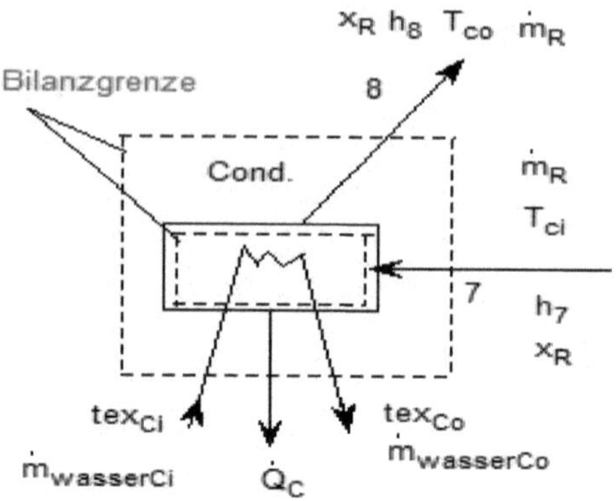

Abbildung 4: Kondensator

Die Energiebilanz des Kondensators wird mithilfe der zwei Bilanzgrenzen für jeweils den internen und externen Kreis gebildet.

Für den externen Kreis:
$$\dot{Q}_c = \dot{m}_{wasserCi}\, C_{Pwasser}\,(t_{exCi} - t_{exCo}) \qquad (10)$$

Für den internen Kreis:
$$\dot{Q}_c = \dot{m}_R h_7 - \dot{m}_R h_8 \qquad (11)$$

Nachdem die Gleichungen formuliert wurden, können diese nun programmtechnisch umgesetzt werden.

3.4 Programmtechnische Umsetzung

Ein Modell kann entweder analytisch oder numerisch gelöst werden. Für einfache Modelle (linear, mit weniger Gleichungen und Variablen) eignet sich das analytische Vorgehen besser. Ein komplexes Modell mit mehreren Variablen und Gleichungen, beinhaltet Nicht-Linearitäten, die die analytische Lösung erschweren. Für die Lösung komplexer Modelle haben sich numerische Verfahren bewährt. Für die Lösung der Gleichungssysteme des Absorptionswärmetransformators wird der numerischer Gleichungslöser EES (Engineering Equation Solver) eingesetzt. Für die Stoffdaten der Mischung (Wasser/LiBr) sind Gleichungen nach Dr. Feuerecker verwendet worden. Für die Überprüfung der Enthalpie der Wasserlinie wurde die Wasserdampftafel genutzt. Für die

Überprüfung der Lösung wurde das h,ξ-Diagramm für Wasser/LiBr. von V. Knabe angewandt.

3.5   Überprüfung auf Konsistenz

Die erste Überprüfung ist mit der Definition der Freiheitsgrade bereits gelungen. Es sind genauso viele Variablen wie Gleichungen. Anderenfalls ist das System unter- oder überbestimmt. Die verwendete Funktion der Enthalpie und die Temperatur der Mischung basieren auf Polynomen und passenden Koeffizienten. Nur bei solchen Funktionen ist die Konsistenz der Einheiten nicht erhalten. Sie sind allerdings in EES nachvollziehbar.

Nach der Darstellung des methodischen Vorgehens stehen nun die Simulation und deren Ergebnisse im Mittelpunkt.

4   Simulation und Ergebnisse

Das Betriebsverhalten für wichtige Kennzahlen wurde in einem Betriebspunkt untersucht. Dann wurde das Verhalten der Anlage bei Variation der Kondensator- und Austreibertemperatur untersucht. Ziel war es, das Betriebsverhalten für wichtige Kennzahlen wie $COP, f, \Delta x, \eta_{ex}$ im stationären Zustand zu untersuchen.

4.1   Stationäres Betriebsverhalten

Für die Untersuchung des Betriebsverhaltens ist als veränderlicher Parameter der Temperaturhub, der die Differenz zwischen der Temperatur am Absorber-Ausgang und die Temperatur am Desorber-Eingang darstellt, ausgewählt worden. Es gilt:

$$\Delta T_{hub} = T_{Ao} - T_{Di} \tag{12}$$

Untersucht wurde das Betriebsverhalten des Modells in stationären Betriebspunkten. Im Folgenden werden die Simulationsergebnisse grafisch darstellen.

a) COP und spezifischer Lösungsumlauf über den Temperaturhub.

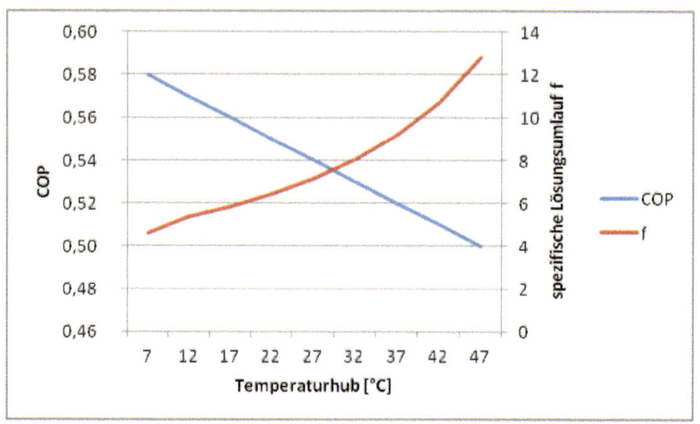

Abbildung 5: COP und spezifischer Lösungsumlauf bei Variation des Temperaturhubs

Die Abbildung 5 stellt den Verlauf des Wärmeverhältnisses und des spezifischen Lösungsumlaufs über dem Temperaturhub für die Simulationsbedingungen in Kapitel 3.2. Hier wird festgestellt, dass der COP umso größer wird, je kleiner der Temperaturhub ist. Eine Erklärung dafür ist die Tatsache, dass ein größerer Temperaturhub bedeutet, dass mehr Antriebswärme benötigt wird und somit mehr Aufwand, was für den COP nachteilig ist, da der COP das Verhältnis von Nutzen durch den Aufwand darstellt. Ein anderer Grund liegt darin, dass dem Absorber mehr Nutzwärme entzogen werden kann, je geringer der vorliegende Temperaturhub ist.

Der spezifische Lösungsumlauf nimmt mit steigendem Temperaturhub zu. Beim Wärmeverhältnis war diese Tendenz gerade gegenläufig, wie die Abbildung 5 zeigt. Es wurde ersichtlich, dass das Wärmeverhältnis mit zunehmendem spezifischem Lösungsumlauf sinkt, da im Lösungsmittelkreislauf größere Massenströme umzupumpen sind. Damit im Absorber höhere Nutztemperaturen erzielt werden können, muss im Lösungsmittelwärmeübertrager mehr Wärme von der reichen auf die arme Lösung übertragen werden. Hiermit wurde deutlich, dass dem Absorber bei hohen Temperaturhüben immer weniger erzeugte Absorptionswärme als Nutzwärme entzogen werden konnte.

Ein größerer Teil Absorptionswärme war zur Aufwärmung des steigenden Lösungsstroms auf hohe Absorberzulauftemperaturen notwendig. Durch den höheren spezifischen Lösungsumlauf wurde zum einen im Absorber mehr Nutzwärme erzeugt, zum anderen aber im Lösungsmittelwärmeübertrager ein größerer Wärmestrom von der reichen auf die arme Lösung übertragen.

b) Massenströme und der exergetische Gütegrad über den Temperaturhub

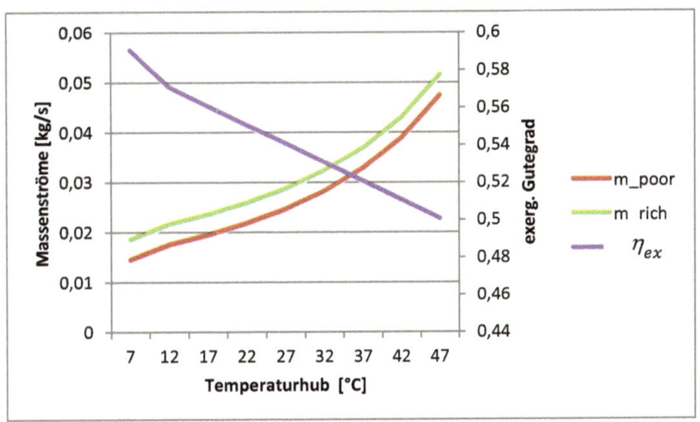

Abbildung 6: Verlauf des exergetischen Gütegrades bei Variation des Temperaturhubs

Der exergetische Gütegrad ist geringfügig größer als das Wärmeverhältnis. Er berücksichtigt nur den exergetischen Anteil der Energien sowie die Pumpenenergie, die als reine Exergie in den Gütegrad einging. Bei der Berechnung wurde angenommen, dass die Pumpenleistungen so klein sind, dass man diese vernachlässigen könnte. Auffällig ist, dass der exergetische Gütegrad für kleine Temperaturhubereiche sehr stark sinkt (mit einer steilen Steigung) und ab einen Temperaturhub von $12°C$ mit einer konstante Steigung bis zum maximal erreichbaren Temperaturhub kontinuierlich sinkt. Dieses Verhalten ist fast analog zu dem, dass bei dem COP beobachtet wurde. Der einzige Unterschied hier ist die Tatsache, dass nur der nutzbare Anteil der Energie berücksichtigt wird. Das beobachtete Verhalten lässt sich mit der Definition des exergetischen Gütegrades erklären, da der exergetische Gütegrad das Verhältnis des exergetischen Nutzens zu exergetischem Aufwand darstellt. Die Erhöhung des Temperaturhubs ist mit der Erhöhung des exergetischen Aufwands verbunden, da ein kleiner Temperaturhub heißt, dass hohe Heiztemperatur am Desorber-Eintritt zugeführt wurde. Bei einem hohen Temperaturhub ist das Verhältnis umgekehrt. Die Zunahme des Temperaturhubs führt zur Abnahme des exergetischen Gutegrades, weil der Aufwand mit steigendem Temperaturhub auch wächst.

Bei dem Verlauf der Massenströme kann das Verhalten, das bei dem spezifischen Lösungsumlauf in der Abbildung 5 beobachtet wurde, bestätigt werden. Im Bereich geringen Temperaturhubs wurden auch geringe Massenströme benötigt, um die gewünschte Nutztemperatur zu erreichen. Hingegen blieb der Massenstrom des Arbeitsmittels, der im Austreiber erzeugt wurde, nahezu konstant. Die Massenströme der armen und reichen Lösung stiegen demgegenüber jedoch mit zunehmendem Temperaturhub kontinuierlich an. Hierdurch kam es zu dem beschriebenen Anstieg des spezifischen Lösungsumlaufs. Auf Grund der konstanten Kondensationstemperatur und des gleichbleibenden Druckes ändert sich der Massenstrom des Arbeitsmittels sowie dessen Konzentration nicht.

c) Die Wärmeströme und die Entgasungsbreite über dem Temperaturhub

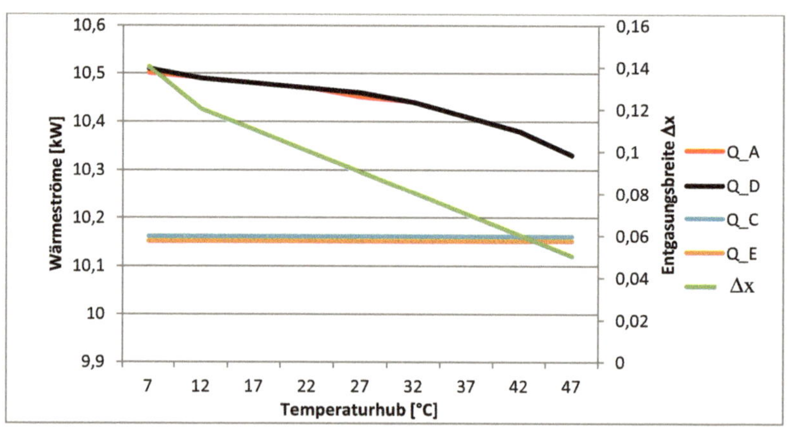

Abbildung 7:Wärmeströme und Entgasungsbreite über dem Temperaturhub

Die Abbildung 7 zeigt die Wärmeströme und die Entgasungsbreite in Abhängigkeit vom eingestellten Temperaturhub. Auffällig ist, dass beim Kondensator und Verdampfer nahezu über den gesamten Temperaturbereich gleiche Wärmeströme ausgetauscht wurden. Der Desorber zeigt ebenso wie der Absorber eine Abnahme des Wärmestroms hin zu höheren Temperaturhüben. Man erkennt, dass dem Absorber beim höchsten Temperaturhub von etwa 47 °C Nutzwärme entzogen wurde.

Durch die Variation des Temperaturhubs wurde auf diese Weise ebenfalls die Entgasungsbreite des Prozesses variiert. Bei kleinem Temperaturhub war die Entgasungsbreite groß und umgekehrt. Mit steigendem Temperaturhub ist die Entgasungsbreite kontinuierlich gesunken. Dieses Verhalten liegt daran, dass in klein Temperaturhubbereich kleine Massenströme umgepumpt werden und somit wird der spezifischen Lösungsumlauf klein bleiben, was einer hohe Entgasungsbreite bedeutet, da beide umgekehrt proportional sind. Es wird verlangt, dass die Entgasungsbreite so hoch wie möglich wird, damit der spezifische Lösungsumlauf sehr klein bleibt und somit ein besserer COP erreicht wird.

Im Folgenden werden nun nochmals die zentralen Ergebnisse dieser Abschlussarbeit zusammenfassend dargestellt.

5   Zusammenfassung und Ausblick

Das Ziel dieser Arbeit bestand in der Abbildung des einstufigen Wärmetransformatorprozesses anhand eines Simulationsprogramms. Hier wurde die Funktionsfähigkeit eines Wärmetransformators theoretisch und numerisch anhand eines stationären Modells des Wärmetransformators mit dem Arbeitsstoffpaar Wasser/LiBr. abgebildet. Weiterhin wurden charakteristische Kenngrößen von einstufigen Wärmetransformatoren ermittelt sowie das Verhalten der Kenngrößen in stationärem Betrieb untersucht.

Die mathematische Darstellung der Anlage betrachtet anhand von Zustandsgrößen den Stoff- und Wärmetransport in die Anlagenkomponenten. Das entstandene Modell betrachtet keine Wärmeverluste an der Umgebung und keine interne Wärmeverluste durch Wärmeleitung. Bei der Variation ist von folgendem Betriebszustand ausgegangen worden: Temperaturen am Desorber 85[°C], am Kondensator 25 [°C] und am fer 80[°C].

Das Zusammenwirken der einzelnen Anlagenkomponenten des Absorptionswärmetransformators wurde untersucht. Bei einer Heiztemperatur (Temperatur am Desorber Eintritt) von 85 [°C] ist eine Nutztemperatur von 127[°C] und ein Wärmeverhältnis von 0,51 erreicht worden. Dabei wurde ein Wärmestrom von 10,41 kW freigesetzt. Das Modell ist durch das Programm EES «Engineering Equation Solver» gelöst worden. Für die Stoffdaten der Mischung (Wasser/LiBr) sind Gleichungen nach Dr. Feuerecker verwendet worden *(Feuerecker, 1994)*. Für die Überprüfung der Enthalpie der Wasserlinie wurde die Wasserdampftafel verwendet. Für die Überprüfung der Lösung wurde das h, ξ-Diagramm für Wasser/LiBr. von V. Knabe genutzt. Anhand der Kenngrößenuntersuchung in stationären Betrieb mit dem Temperaturhub als veränderlichem Parameter konnte festgestellt werden, dass der COP und der exergetische Gütegrad mit steigendem Temperaturhub abnahmen, aufgrund dessen, dass die Erhöhung des Temperaturhubs mit der Erhöhung des energetischen bzw. exergetischen Aufwands verbunden war. Weiterhin konnte festgestellt werden, dass der spezifische Lösungsumlauf, dadurch dass die Menge an Massenstrom, die umgepumpt wird mit steigendem Temperaturhub ansteigt, größer wird. Umgekehrtes Verhalten lässt sich bei der Entgasungsbreite beobachten, da die Entgasungsbreite und der spezifische Lösungsumlauf umgekehrt proportional sind.

Das Modell kann für den Entwurf von Laborversuchen dienen. Ferner ist es möglich, das Modell für Anlagen mit anderen Leistungen zu nutzen. Bei der Auslegung neuer Anlagen sollte das Modell mit bekannten Vorgaben erwartete Ergebnisse liefern. Des Weiteren ist die Optimierung von Betriebszuständen denkbar. Für den Betriebszustand müssen die veränderlichen Parameter optimal eingestellt werden. Die optimale Einstellung der Parameter ist mit Hilfe der Simulation unter Beachtung der Anlagengrenze u.a. Kristallisationsgrenze, Löslichkeitsgrenze oder auch Korrosivität mit steigender Temperatur der Salzlösung (max. Nutztemperatur auf 160°C begrenzt) zu erreichen *(Riesch, 1986)*. Schließlich kann das Modell für Lehrzwecke benutzt werden. Antworten zu Fragen wie: Was passiert bei einer Erhöhung der Desorber- Eintritttemperatur? sind mittels Diagrammen und ständiger Aktualisierung gut darstellbar und überschaubar.

6 Literaturverzeichnis

EES Manual der Firma F-Chart

Feuerecker, G. (1994). *Entropieanalyse für Wärmepumpensysteme: Methoden und Stoffdaten.* München.

Fleischmann, R. (1988). *Energieeinsparung durch Abwärmetransformation.* Weinheim: VCH.

Franzen, P. (1984). *Mit Wärmetransformatoren Abwärme rationell nutzen.*

Genssle, A. (1997). *Optimierungvon Wärmetransformatoren zur wirtschaftlichen Nutzung von Abwärme.* Stuttgart.

Hengerer, R. (1991). *Untersuchung des ternären Gemisches Trifluorethanol-Wasser Tetraethylenglykoldimethylether als Arbeitstoffgemisch für Wärmetransformatoren.* Stuttgart.

Horuz, I., & Kurt, B. (2009). *International Journal of Energy Research.* University of Uludag Turkey .

Hüls, G. (2009). *Ermittlung charakteristischer Kenngrößen von einstufigen Absorptionskälteanlagen durch Prozesssimulation;*Masterarbeit. Berlin.

Mostofizadeh, C. (1980). *Theorie und Praxis der Wärmetransformation zur Nutzung von Abfallwärme.* Düsseldorf: VDI.

Riesch, P. (1986). *Absorptionswärmetransformator mit hohem Temperaturhub.* Stuttgart.

Seher, D. (1985). *Arbeitsstoffgemische für Absorptionswärmepumpen und Absorptionswärmetransformatoren.* Stuttgart: Deutsche Kälte-und Klimatechnischer Verein e.V. (DKV).

Stephan, K. (1988). *Der Wärmetransformator- Grundlagen und Anwendungen.*

Uni-Karlsruhe. (2011). *www.ttk.uni-karlsruhe.de/mitarbeiter_1665.php.* Abgerufen am 25. 11 2011 *von http://www.ttk.uni-karlsruhe.de/mitarbeiter_1665.php*

Ziegler, F. (2010). *Simulation eines Wärmetransformationsprozesses (Internet Quelle).* TU Berlin.

7 Anhang

"Quellcode des Simulationsmodells in EES"

"Simulation des einstufigen Absorptionswärmetransformators"

"Modellierungsvoraussetzung"

```
{
		1. Stationärer Betrieb
		2.Alle Apparat sind adiabat
		3.Der Dampf verhält sich beim betrachtete Druck wie ein ideales Gas
		4.Gleichgewicht am Ausgang der jeweiligen Hauptkomponenten
		5.Leitungsdruckverluste werden vernachlässigt.

}
		{ Alle Temperatur mit Groß T sind interne Temperaturen und mit klein t _ex sind externe Temperaturen
		A= Absorber; D= Desorber; C=Kondensator; E= Verdampfer und x=A, C, D, E}
}
"Vorgabe"

		T_Co=25[C]
		T_Eo=80[C]
		eta_lwü=0,95
		Q_dot_D=10[kW]
		T_Di=85[C]
		T_Ai=127[C]
```

"Parametervariation"
```
        t_ex_Ci=24[C]
        t_ex_Ei=95[C]
        t_ex_Ai=95[C]
        t_ex_Di= 90[C]
        m_dot_wasser=0,5[kg/s]
```

"Interner Kreis"

"Kondensator"

```
"EB": m_dot_R*h_7-Q_dot_C-m_dot_R*h_8=0

"MB":{ m_dot_7=m_dot_8=m_dot_R}
{"KMB": x_7=x_8=x_R}
        x_R=0
h_7=Enthalpy(Steam_IAPWS;T=T_Do;P=P_0)
h_8=Enthalpy(Steam_IAPWS;T=T_Co;P=P_1)
```

{ Q_dot_x ist die abgegebene/zugeführte Wärme bei Hauptkomponente mit
{m_dot_i ist der Massenstrom des Stromes i mit i=1, 2,......10}
{x_i ist der Massenanteil des Strom i}

{h_i ist die spezifische Enthalpie des Stromes i}

"Verdampfer"

```
"EB":   Q_dot_E+m_dot_R*h_9-m_dot_R*h_10=0
"MB":{ m_dot_9=m_dot_8
        m_dot_9=m_dot_10=m_dot_R }
 {"KMB":  x_9=x_10
             x_9=x_8 }
 h_9=h_8
 h_10=Enthalpy(Steam_IAPWS;T=T_Eo;P=P_1)
```

{Q_dot_E ist die am Verdampfer zugeführte Wärme}
{Da die Parameter dieser Gleichung schon oben definiert sind}

"Absorber"

```
" EB":m_dot_R*h_10+m_dot_poor*h_3-Q_dot_A-m_dot_rich*h_4=0
                                    {Q_dot_A ist die vom Absorber abgegebenWärme}
"MB": m_dot_R+m_dot_poor-m_dot_rich=0
"KMB" : {m_dot_R*x_R+m_dot_poor*x_s-m_dot_rich*x_w=0 }
f=m_dot_rich/m_dot_R                 { f ist der spezifische Lösungsumlauf des Prozesses}
f=x_s/(x_s-x_w)
x_LiBrH2O(T_Ai;P_1)=x_w             {schwache Lösung an Salz:  Absorptionsfähigkeit niedrig}
x_LiBrH2O(T_Ao;P_0)=x_s             { starke Lösung an Salz: Absorptionsvermöge hoch}
h_LiBrH2O(T_Ao;x_w)=h_4
T_LiBrH2O(P_1;x_w)=T_Ao
P_LiBrH2O(T_Eo;x_R)=P_1
eta_lwü=(m_dot_poor*h_3-m_dot_rich*h_5)/(m_dot_rich*h_4-m_dot_poor*h_2)

                        { eta_lwü=0,95:  Wirkungsgrad der interne Wärmeübertrager}
                        { eta_lwü=Q_dot_real/Q_dot_max}
                        { Q_dot_real=m_dot-poor(h_3-h_2) ;    Q_dot_max=(H_4-H_2) }
```

"Desorber"

```
{ "EB": Q_dot_D+m_dot_rich*h_6-m_dot_R*h_7-m_dot_poor*h_1 =0 }
                                    {Q_dot_D: Desorber zugeführte Wärme}
"MB": m_dot_rich-m_dot_R-m_dot_poor=0
"KMB":m_dot_rich*x_w-m_dot_R*x_R-m_dot_poor*x_s=0
h_5=h_6
h_1=h_2
T_Do=T_LiBrH2O(P_0;x_w)
h_LiBrH2O(T_Do;x_s)=h_1
```

```
P_LiBrH2O(T_Co;x_R)=P_0

Q_dot_D+Q_dot_E=Q_dot_C+Q_dot_A
deltaX=x_s-x_w                                  { deltaX: Entgasungsbreite}
```

"Economizer"

```
"EB": m_dot_poor*h_2+m_dot_rich*h_4=m_dot_poor*h_3+m_dot_rich*h_5
"MB": {m_dot_poor+m_dot_rich=m_dot_poor+m_dot_rich}
"KMB": { m_dot_poor*x_s+m_dot_rich*x_w=m_dot_poor*x_s+m_dot_rich*x_w}
Cp_w=Cp_LiBrH2O(T_Ao;x_w)                    {Cp ist die spezifische Wärmekapazität}
Cp_s=Cp_LiBrH2O(T_Do;x_s)                    {w=weak  und s=strong. }
eta_lwü=m_dot_poor*Cp_s*(T_3-T_Do)/(m_dot_rich*h_4-m_dot_poor*h_2)
```

"externer Kreis"

" Kondensator "

```
T_Ci=T_Do
Q_dot_C=UAc*deltaT_lnC
Q_dot_C=m_dot_wasser*cp_wasser*(t_ex_Ci-t_ex_Co)
deltaT_lnC=((T_Ci-t_ex_Co)-(T_Co-t_ex_Ci))/ln((T_Ci-t_ex_Co)/(T_Co-t_ex_Ci))
                                {delta_lnC: Log. gemittelte Temp.am Kondensator}
```

"Evaporator"

```
T_Ei=T_Co
Q_dot_E=UAe*deltaT_lnE
Q_dot_E=m_dot_wasser*cp_wasser*(t_ex_Eo-t_ex_Ei)
deltaT_lnE=((t_ex_Ei-T_Eo)-(t_ex_Eo-T_Ei))/ln((t_ex_Ei-T_Eo)/(t_ex_Eo-T_Ei))
```

{delta_lnE: Log. gemittelte Temp.am Verdampfer}

"Absorber "

```
eltaT_lnA=((T_Ai-t_ex_Ao)-(T_Ao-t_ex_Ai))/ln((T_Ai-t_ex_Ao)/(T_Ao-t_ex_Ai))
                                    {delta_lnA: Log. gemittelte Temp.am Absorber}
Q_dot_A=UAa*deltaT_lnA
Q_dot_A=m_dot_wasser*cp_wasser*(t_ex_Ao-t_ex_Ai)
cp_wasser=Cp(Water;T=T_Co;P=P_1)
```

"Desorber"

```
deltaT_lnD=((t_ex_Di-T_Do)-(t_ex_Do-T_Di))/ln((t_ex_Di-T_Do)/(t_ex_Do-T_Di))
{delta_lnC: Log. gemittelte Temp.am Desorber}
Q_dot_D=m_dot_wasser*cp_wasser*(t_ex_Do-t_ex_Di)
Q_dot_D=UAd*deltaT_lnD
DeltaT_hub=T_Ao-t_ex_Di                 {Temperaturhub= Temperaturdifferenz Nutzwärme/Heizwärme}
eta_ex=(Q_dot_A*(1-t_ex_Co/t_ex_Ao))/((Q_dot_D+Q_dot_E)*(1-t_ex_Co/t_ex_Di))

eta_rev=(1/t_ex_Co-(1/t_ex_Do))/(1/t_ex_Co-(1/t_ex_Ao))
                                    { theoretische Wärmeverhältnis}
COP=eta_real/eta_rev                {Wirkungsgrag}
eta_real=Q_dot_A/(Q_dot_E+Q_dot_D)  {reales Wärmeverhältnis des Prozesses}
```

e